AVIS AU PUBLIC

Sur l'uſage des nouvelles Fontaines domeſtiques & de ſanté.

AVIS

AU PUBLIC

Sur l'usage des nouvelles Fontaines domestiques & de santé.

LE mécanisme des nouvelles Fontaines a subi de grands examens, pendant près de 5 ans. Rien n'est plus essentiel à la santé, & conséquemment à la conservation de la vie, que l'eau bien purgée de limon, de viscosité, de principe pétrifiant ou vitriolique, &c : en un mot, c'est le principe de la vie, le véhicule de tous nos alimens. Aussi le Privilége exclusif des nouvelles Fontaines propres à cette purification n'a été enregistré, qu'après que les Magistrats attentifs au bien, & à la santé publique, en ont reconnu l'utilité, & même la nécessité.

Il n'est point d'homme, tant soit peu instruit, qui ne connoisse le danger du verd-de-gris, poison redoutable qui pullulle toujours dans les

Fontaines de cuivre, principalement dans celles qui sont mal entretenues.

L'auteur des nouvelles Fontaines peut en parler sçavamment, d'après la dangereuse expérience qu'il en a faite lui-même, sans attention. Il est venu à Paris en Janvier 1742. il prit sa demeure dans la rue de Seine, chez le sieur Benard tapissier, où il ne se servoit que de cruches de grès, dans lesquelles il faisoit reposer l'eau de la Seine. Moyennant cette précaution, il n'a point été incommodé, comme le sont ordinairement les Etrangers, & il est parti pour la Provence le 22 Août suivant, bien persuadé que ce n'est pas l'eau de la Seine, qui rend les Etrangers malades, mais seulement le verd-de-gris dont elle est imprégnée dans les Fontaines de cuivre. Il est revenu à Paris en Janvier 1745. il prit sa demeure dans la même rue à l'Hôtel de Provence, tenu par le sieur Mongon. Là, faisant usage imprudemment de l'eau de la Fontaine de ce dernier, il a été au bout de quelques jours si malade, sans penser à la Fontaine de cuivre, qu'il avoit perdu toute espérance d'en échapper. Ce ne fut que les symptomes du poison, qui lui firent faire attention quelques jours après, & qui lui firent abandonner des remédes inutiles, pour s'en tenir aux antidottes convenables; mais n'y ayant pas eu recours assez-tôt, le mal fut opiniâtre, & il ne recouvra sa santé ordinaire, que long-tems après.

Ce témoignage paroîtroit suspect de la part d'un Auteur; mais cet Auteur est trop désintéressé: il n'a été guidé que par le bien public; sa remarque l'a conduit à quitter un état honorable, pour mettre en mouvement, par la construction des nouvelles Fontaines, les avis respectables de MM. les Médecins, sur un point capital, à faire pour cela une infinité d'expériences très-couteuses, à voyager enfin d'une extrémité du Royaume à l'autre, & à s'estimer trop heureux maintenant de suffire à faire honneur. Quiconque voudra le rembourser de ses frais & loyaux coûts, & le remettre dans son état, joüira du Privilége, tel qu'il lui reste.

Le témoignage d'un Auteur dans cette position, connue de beaucoup de gens de la premiere distinction, ne sçauroit donc être suspect ; mais il est appuyé par une infinité d'autres exemples : il suffit d'en rapporter ici quelques-uns.

1°. Dans la rue Clopin au-dessus des fossés S. Victor, & dans la maison où demeure actuellement un relieur appellé La Fontaine, il est mort du soir au matin cinq personnes empoisonnées par l'eau d'une fontaine de cuivre.

2°. Dans la Paroisse S. Paul, il y a eu trois Prêtres empoisonnés, & morts.

3°. Dans la rue S. Paul, un Marchand de vin, sa femme, & un de leurs parens, ont été empoisonnés également par l'eau d'une fontaine de cuivre. Les deux premiers, après plusieurs remédes contraires, eurent recours aux antidottes du verd-de-gris. Bien leur en prit, ils furent sauvés. Le parent plus entêté n'en voulut pas, il mourut.

4°. Dans la Place Maubert, à l'Hôtel de Nevers ; un Chanoine étranger mort ſubitement par l'action du verd-de-gris. On l'ouvrit : on trouva ce poiſon très-caractériſé, dans l'eſtomac & dans les inteſtins, qui en paroiſſoient déchirés.

5°. Dans la Place S. Michel, & dans la maiſon d'un boulanger, appellé Broutier, un Gargotier mort par le même poiſon, qui ne fut pas connu.

6°. Dans la rue Neuve S. Paul, il y a un exemple plus frappant. Huit perſonnes mortes ſubitement, par l'effet d'une trop forte doſe de verd-de-gris, priſe dans l'eau d'une fontaine de cuivre : mais où eſt le volume maniable, qui pût contenir les exemples viſibles & inviſibles de ce poiſon ?

Il n'eſt point d'homme ſenſé, qui ne doive trembler, après des vérités que chacun connoît, que chacun mépriſe, & dont on peut s'éclaircir, à l'aſpect de pareils vaiſſeaux ; principalement les maîtres, qui ne ſont pas faits pour en être les pilotes, & qui malheureuſement ſont obligés de mettre au gouvernail différents domeſtiques qui ſe ſuccedent, tantôt avisés, tantôt étourdis, & toujours ignorans : *car il ne faut pas s'attendre, que le vulgaire, les femelettes, les cuisiniers, se donnent assez de soins pour profiter de tant d'exemples funestes. Ils négligent les pratiques les plus simples, & toute la physique est inutile pour eux :* c'est la Faculté de Médecine en corps, qui s'explique en ces termes, dans l'endroit, dont il sera parlé dans la suite, extrêmement affligée de l'usage le plus pernicieux à la santé publique, & du peu d'apparence qu'il y a, de parvenir à cet égard, à la réformation.

Les riches, à la vérité, sont moins sujets aux accidens qu'elles produisent : les étamages fréquents, la revente des Fontaines remplacées par des neuves, est chez eux comme le masque de ces ennemis domestiques. L'eau qui s'impregne légerement de verd-de-gris dans les Fontaines de ce métal bien étamées & bien entretenues, ne peut nuire que légerement, elle mine peu à peu, & ne laisse voir aucun simptôme de poison ; mais si dans ce cas les accidens effrayans ou la mort subite n'en résultent pas, le poison lent ne fait pas moins son chemin. Le dessous des planchers qui soutiennent le sable, l'entre-deux des cylindres qui composent le corps de la Fontaine de cuivre, & principalement le tuyau de lévent, sont toujours pleins de verd-de-gris dans la Fontaine la mieux étamée, & à laquelle on aura donné le plus d'attention. L'eau d'une Fontaine de cette espece est limpide, conséquemment agréable aux yeux, même au goût par son insipidité, le verd-de-gris étant lui-même insipide, quand le filtrage a été continuel; mais ce n'est là qu'une eau fardée, qui porte en elle-même la semence d'un poison lent; & ce sont tantôt dans cet hôtel, tantôt dans cette maison, tantôt dans cette Communauté, tantôt & plus souvent chez ces étrangers nouvellement arrivés à Paris, & moins accoutumés à l'action de ce poison; des dégoûts, des foiblesses ou des pesanteurs d'estomach; des indigestions, des accablemens, des maux de tête, des mouvemens de bile, des maux de cœur avec envie de vomir ; des fiévres légères, quelquefois ardentes, & quelquefois après bien des remédes sans fruit, des maladies chroniques, dont les malades n'attribuent la cause qu'à la condition de l'homme, naturellement sujet à l'infirmité.

Il n'est pas cependant vrai, que les riches soient absolument exempts de poison subit de ce côté-là ; ils dépendent de l'inattention de leurs domestiques, on a vû des exemples funestes, chez les personnes les plus opulentes, & de la premiere distinction : aussi la Faculté de Médecine a voulu se tirer de tout reproche vis-à-vis du Public. Quoique les livres soient remplis de théorie & de pratique, sur l'usage des vaisseaux de cuivre, elle a cru devoir renouveller à cet égard ses conseils salutaires. C'est aux personnes curieuses de leur santé, à s'éclaircir sur un fait aussi essentiel que celui-ci, dans la question qui a été discutée le 20 Février 1749. dans l'Ecole de Médecine de Paris, sous la présidence de M. Falconet, Médecin consultant du Roi, de l'Académie des Inscriptions & Belles-Lettres, & Docteur régent de la Faculté.

A l'égard de ceux, dont les facultés ne leur permettent pas d'acheter des Fontaines de cuivre neuves, ni de faire rétamer les vieilles qu'ils achetent d'hasard, il est assez ordinaire, que la science des choses naturelles ne réside pas chez eux. Les sollicitudes, l'indigence, menent presque toujours l'ignorance avec elles, ou pour le moins obscurcissent la science : aussi, combien de malades languissent chez eux dans Paris, sans connoître leurs maladies ni le reméde, & même sans soupçonner un seul instant, leurs Fontaines de cuivre.

On ne dit pas cependant qu'il n'y ait des gens à Paris dans tous les états, qui connoissent le danger du verd-de-gris, il y en a pour le moins la moitié qui ont vendu, ou fait mettre leurs Fontaines de cuivre dans un galetas, ou qui n'ont jamais voulu en acheter. Parmi ceux-ci, les uns ne sçachant comment faire, quand l'eau de la riviére eſt ſale, la font filtrer au travers d'un papier gris, d'un taffetas, ou du ſable, dans des pots de grès. D'autres la laiſſent ſimplement repoſer pendant quelques jours, & aucun ne la purifie parfaitement; mais ſi ces précautions ſont pénibles, & de peu de fruit, du moins c'eſt ſageſſe, quand de deux maux on évite le pire. Le limon de la Seine eſt un mal dans le corps de l'homme, mais le verd-de-gris en eſt un autre infiniment plus grand, que cette claſſe de gens aviſés, qui juſqu'ici n'avoient pu mieux, évite fort à propos.

Il y a un autre danger dans les Fontaines de cuivre, indépendamment du verd-de-gris, qui réſulte de ce métal, & du ſable ordinaire qui eſt vitriolique; c'eſt le principe pétrifiant, qui réſulte de ce ſable mol, ſujet de ſa nature à ſe diſſoudre dans l'eau, & à paſſer dans la boiſſon & dans les alimens; ce qui eſt principalement nuiſible à ceux qui ſont ſujets à la pierre ou à la gravelle, ou qui ont dans le ſang & dans les humeurs, ou dans leurs organes trop étroits, des dispositions pétrifiantes.

Les nouvelles Fontaines obvient à tous ces inconvéniens. On trouvera dans le magasin des Fontaines de plomb, d'étain & de terre, qui contiennent plusieurs commodités, qui donnent une eau plus dépurée, par le filtrage qui s'y en fait au travers d'un sable fin, comprimé, au reste dur & comme vitrifié par l'exposition & la nature des terroirs, d'où on le fait venir, & qui ne se dissout point dans l'eau, ou par le filtrage au travers des éponges, qui, à dire vrai, fournissent le filtre le plus commode, le plus puissant, & le plus sain.

Au reste, le mécanisme des nouvelles Fontaines se distribue à toutes sortes de facultés, de besoin, de goût & de lieux. En sable, elles fournissent à proportion de leur volume toute l'eau nécessaire. Il en est de même des Fontaines à éponges. Le nombre des alveoles & des éponges se proportionne aux besoins de plusieurs personnes, comme d'une seule: par exemple, tel particulier ſeul avec un domeſtique, ou ſans domeſtique, ne conſume que deux pintes d'eau par jour, qui trouvera à bas prix une fontaine de deux pintes. Tel autre avec une nombreuſe famille, ou pluſieurs domeſtiques; tel hôtel, telle Communauté, qui conſument pluſieurs voies d'eau par jour, trouveront des fontaines de toutes les grandeurs convenables à leur beſoin.

Ce volume n'eſt point arbitraire dans les fontaines de cuivre : leur mécaniſme eſt borné ; il demande au moins la capacité d'une voie d'eau, pour y trouver la place de la quantité de ſable ſuffiſant au filtrage. Une fontaine de cette eſpece ne peut donc convenir au beſoin d'une perſonne ſeule, qui eſt obligée, en cas qu'elle veuille faire filtrer ſon eau, de dépenſer au-delà de ſon beſoin : d'ailleurs cette perſonne ſeule ſe met au riſque du poiſon, en faiſant proviſion d'eau pour 15 jours, dans une fontaine de cuivre, qui va imprégner cette eau pendant ce long ſéjour d'une trop forte doſe de verd-de-gris. Il vaut donc mieux que cette perſonne ſeule ſe prive d'une fontaine de cuivre, que de faire une dépenſe folle & fatale d'argent & de ſanté.

Les Fontaines à éponges ſont les plus commodes, les plus réductibles à ce volume arbitraire, & les plus ſuſceptibles de différentes utilités eſſentielles. On en trouvera dans le magaſin même de portatives dans la poche pour les Officiers militaires, pour les voyageurs &c. Les pauvres y trouveront encore beaucoup d'avantages pour les uſages domeſtiques.

Les perſonnes, qui ont du rebut pour les éponges, n'en connoiſſent ni la qualité ni l'utilité. Il eſt ſurprenant, que tel qui ſe frotte les dents & les gencives tous les matins avec une éponge, en ſe rinçant la bouche, ait du rebut de l'employer comme filtre. Tout ce qu'on peut avancer hardiment ici, c'eſt que l'éponge eſt très-ſaine & médicinale, mais la nouveauté ſuffit pour éveiller beaucoup d'opinions au haſard; on obſervera ſeulement, qu'il a été fait une foule d'expériences par les plus illustres membres de l'Académie des Sciences, par plusieurs personnes du public le plus distingué, par les plus fameux Médecins, en un mot, par les personnes le plus en état d'en juger. Ce n'est pas que cette foule de personnes respectables par leur science, par leur état, par leur naissance, aient ignoré le point de Physique, elles le sçavoient parfaitement par théorie; mais s'agissant ici de la santé publique, & d'une nouvelle introduction dans les cuisines qui sont la base de l'Univers, elles ont voulu joindre la pratique à la théorie, pour porter ensuite des jugemens plus authentiques & à l'abri de toute censure.

En Afrique, on purifie l'eau du fleuve *le Niger* au travers des éponges, par le moyen de plusieurs vaisseaux d'un étain imparfait venant des mines du pays. Or quand les Sçavans de Paris d'un côté, & une des quatre parties du monde de l'autre, sont dans la théorie ou dans la pratique sur un point de Physique de tous les tems, il paroît raisonnable de ceder; il n'est rien de plus fort qu'une très-longue expérience, c'eſt elle qui eſt la reine des jugemens.

On ne dit pas cependant que l'uſage des Africains empêche le goût du marécage, ſi on laiſſe les éponges à ſec, & ſans continuer le filtrage. Les fauſſes expériences qui ont été faites, ont entretenu bien des gens dans l'erreur ; mais quel eſt le filtre qui ne fermente pas, ſi on le laiſſe ſans eau, ſi on ne renouvelle pas l'eau, ſi le filtrage n'eſt pas continuel ? L'eau eſt beaucoup meilleure dans un hôtel, dans une Communauté où il y a de grandes fontaines de cuivre & une grande dépenſe d'eau, que chez un particulier qui conſerve une voie d'eau dans une petite fontaine de cuivre quelquesfois pour l'uſage de pluſieurs jours. Voilà pourquoi il y a tant de fontaines de cuivre à Paris, qui ſont chargées de verd-de-gris, & qui donnent à l'eau mauvaiſe odeur & mauvais goût. Il en ſera de même des nouvelles Fontaines en éponges, ou en ſable ; avec cette différence que dans les Fontaines de cuivre, le poiſon va ſouvent avec la mauvaiſe odeur

& le mauvais goût, & que dans les nouvelles Fontaines, le poiſon n'eſt jamais à craindre. Il n'y aura même ni mauvaiſe odeur ni mauvais goût, ſi on fait toujours continuer le filtrage & ſoutirer l'eau filtrée à diverſes repriſes dans la journée indifféremment de tous les robinets, à l'exception de celui de l'eau ſale, qui ne doit ſervir que comme robinet de décharge, quand il s'agit de rincer la Fontaine. La ceſſation de ce filtrage & le ſéjour de l'eau, fait le mal de quelque fontaine que ce ſoit, fût-elle d'or à 24 Karats.

Après cela, il faut convenir que le renouvellement & la conſommation de l'eau du matin & du ſoir, eſt le moyen le plus sûr pour la trouver toujours ſaine, inſipide, & ſans odeur. Eviter la fermentation, & la corruption de l'eau ſale ſeroit un vrai miracle, que l'auteur de la nature n'a pas encore fait, & qu'il ne fera jamais, parce qu'il a voulu que tout corps, toute matiére, tout fluide, compoſé de volatil & de fixe, ſoit corruptible. Il n'y a que l'eau bien purifiée, & ſcellée hermétiquement dans un vaiſſeau de verre, ou dans tout autre formé d'une matiére ſimple & homogene de ſa nature, qui ſe conſerve parfaitement, parce qu'elle eſt elle-même ſimple & homogene; mais ſi on admet le commerce de l'eau pure avec l'air, encore mieux, ſi elle renferme des parties hétérogenes, il n'eſt pas poſſible d'éviter ſa corruption.

Il faut cependant remarquer, que les Fontaines doivent avoir de l'air; car bien que l'air corrompe l'eau pure avec le tems, il ne s'enſuit pas qu'il faille ſceller l'eau journaliere, preſque hermétiquement, comme dans les fontaines de cuivre, dont le couvercle s'oppoſe beaucoup au paſſage de l'air. Il faut des ventouſes, afin que l'eau mêlée avec la vaſe exhale la fermentation qui peut en réſulter : voilà la principale cauſe de la mauvaiſe odeur de pluſieurs fontaines de cuivre, que l'on ne découvre pas aſſez ſouvent, pour renouveller l'air ; & voilà pourquoi auſſi, on a fait pratiquer différentes ventouſes grillées de crin & de plomb dans les nouvelles Fontaines, pour faire circuler l'air d'une ventouse à l'autre.

On pourroit dire que ces ventouses ne sont pas bien imaginées, parce que la poussiere se mêlera avec l'eau pure ; mais on peut répondre, que c'est un mal nécessaire, & aussi nécessaire que la respiration, qui attire à chaque instant par le nez ou par la bouche, les atômes qui sont dans l'air.

Ceux qui aiment mieux le sable, trouveront des Fontaines en sable, qui ne seront pas exemtes de mauvais goût, s'ils ne font pas filtrer leur eau sans cesse, ou s'ils la laissent croupir trop long-tems ; les ventouses dans ce cas ne peuvent suffire, pour exhaler une trop forte fermentation : ainsi les nouvelles Fontaines ne feront pas des miracles, elles obvieront seulement à beaucoup d'inconvénients, principalement au poison ; elles seront moins cheres, plus commodes, plus propres à purifier l'eau, & conséquemment plus saines, que les fontaines de cuivre.

Ceux qui font usage de l'eau d'Arcueil pétrifiante de sa nature, trouveront dans les Fontaines à éponges le moyen le plus fort, pour arrêter ce principe pétrifiant. Plusieurs filtres d'éponges à un certain degré de pression rempliront cette vûe, & ces éponges, attendu la limpidité naturelle à l'eau d'Arcueil, filtreront plusieurs mois de suite sans y toucher, si l'on veut, avec cette différence néanmoins, qu'elles fourniront peu à peu une moindre quantité d'eau; mais ce sera la preuve de la rétention du principe pétrifiant.

Ceux qui sont usage de l'eau de la Seine, peuvent faire passer leur eau au travers du sable, avec un dernier filtre en éponges, pour rafiner l'eau; ils pourront aussi n'avoir dans leurs cuisines que des Fontaines en sable, d'où ils feront tirer l'eau déja limpide pour garnir la Fontaine à éponges, qui sera dans leurs offices & qui leur fournira, sans y toucher de long-tems, une eau brillante, comme un rubis, & beaucoup plus dépurée.

Le lavage du sable est connu, il n'est pas besoin d'instruction à cet égard. Pour ce qui est des éponges, il faut les choisir bien mûres, bien saines, d'un grain fin & serré, les bien purger, les bien laver de plusieurs eaux, jusqu'à ce que la derniere demeure limpide, les bien presser ensuite, & les appliquer de façon dans les alveoles, qu'elles présentent sur le revers un bouton rond, net, & assez dur. Cela fait, si on met de l'eau dans une Fontaine ainsi préparée, & que le filtrage continue, il est impossible de trouver de mauvais goût, à moins que les éponges aient contracté quelque infection de graisse ou d'huile, ou de savon, &c. dans quelque vaisseau mal-propre, où elles auront été lavées; auquel cas, il n'y a qu'à les repousser, & en mettre d'autres en place.

On doit observer encore, que bien que les éponges durent longtems dans l'eau, il est cependant fort libre, quand elles se sont amollies de les changer. Ce renouvellement tous les ans n'est pas une dépense digne d'attention.

Pour la commodité du Public il

y aura des hommes dressés dans le magasin, qui se chargeront du soin des Fontaines chéz les personnes qui trouveront à propos d'en acheter. Ces hommes auront une Machine nouvelle pour laver le sable, ou les éponges parfaitement en moins de demi-heure. Ils mettront les Fontaines en état toutes les premiéres semaines du mois, dans les tems où la Marne verse son limon dans la Seine, & de 2 mois en 2 mois dans les autres tems, moyennant 12 livres par an pour leurs salaires.

Ceux qui ne voudront pas faire ce marché, pourront appeller les mêmes hommes, qui mettront en état leurs fontaines en sable ou en éponges, moyennant 24 sols pour leurs salaires à chaque fois, & qu'en arrivant chez les personnes qui les appelleront, ils trouvent une voie d'eau de riviére, un sceau & un baquet pour l'eau du puits destinée pour les premiers lavages.

A l'égard de ceux qui ne voudront faire aucune de ces dépenses, on leur donnera des instructions pour faire laver le sable ou les éponges, dans la Fontaine même, sans la déplacer, & pour faire vuider le limon & la grosse vase par un robinet de décharge.

Les personnes qui voudront s'instruire plus amplement, pourront acheter chez J. B. COIGNARD, & ANTOINE BOUDET le Livre intitulé : *Nouvelles Fontaines domestiques*, approuvées par l'Académie Royale des Sciences, où l'on trouvera sur la fin la question de Médecine, dont on a parlé plus haut, traduite du Latin en François, avec des notes sur la nature des vaisseaux de *cuivre*, de *bronze*, de *fer*, d'*étain* ou de *plomb*.

Les Fontaines qui pourront être endommagées, seront raccommodées par les ouvriers de la Manufacture, à un prix convenable au dommage fait. Il en sera de même à l'égard de l'étamage des couvercles de bois.

La Manufacture royale & le Magasin des nouvelles Fontaines, sont établis *rue Poissoniere, passé le Boulevard*, chez le sieur TROARD, Marbrier du Roi.

www.ingramcontent.com/pod-product-compliance
Ingram Content Group UK Ltd.
Pitfield, Milton Keynes, MK11 3LW, UK
UKHW020515230726
13925UKWH00005B/2170